AF346596

GÉOLOGIE.

ESSAI

D'UNE

MÉTHODE GÉOLOGIQUE,

OU

TRAITÉ ABRÉGÉ DES ROCHES,

Par M. DUBUISSON,

Professeur et Conservateur du Muséum d'Histoire Naturelle de la ville de Nantes, membre de la Société Académique de la même ville : correspondant de la Société des sciences et arts de Tours, de la Société médicale d'Orléans, de la Société des recherches utiles séant à Trèves, de la Société des amateurs des sciences et arts de Lille.

A NANTES,

DE L'IMPRIMERIE DE MELLINET - MALASSIS.

1819.

Avant-Propos.

Les personnes éclairées, qui ont assisté cette année à mes cours de minéralogie & de géologie, m'ont témoigné le désir de conserver des copies des cahiers qui ont servi à mes leçons.

Les nombreux & excellens ouvrages qui existent sur la minéralogie me dispensent de faire imprimer les manuscrits que j'ai rédigés sur cette science. Il n'en est pas ainsi de la Géologie. Celle-ci, beaucoup plus récente que l'autre, a été considérée, jusqu'ici, plus sous le rapport des hypothèses que sous celui des applications. Elle a produit beaucoup de théories et fort peu de méthodes. Ces dernières n'ont même pas été écrites avec tous les développemens qu'exigeait le sujet.

En publiant donc cet Essai, je crois que ce n'est pas répéter ce qui a été dit tant de fois. Je n'ai point la prétention de faire l'ouvrage classique que la science attend depuis si long temps ; des mains habiles s'occupent, en ce moment, de lui élever un monument qu'elles sauront rendre digne d'elle.

J'ai voulu seulement acquiescer au désir de mes élèves. Heureux si je puis leur éviter, par ce travail, les faux pas attachés à la synonimie, et si les caractères simples & tranchés des genres les guident facilement dans leurs études.

ESSAI

D'UNE

MÉTHODE GÉOLOGIQUE,

PAR M. DUBUISSON,

DONNÉE A SES ÉLÈVES,

DANS SON COURS DE 1819.

DE toutes les connaissances humaines, la Géologie est celle qui a donné lieu à un plus grand nombre d'hypothèses. Partout où les phénomènes de la nature ont indiqué une succession d'effets passés, on a voulu leur assigner une origine. Les uns ont tiré des conclusions générales de quelques faits particuliers ; les autres ont traité l'histoire de la terre d'après ce qui leur était suggéré par leur imagination ; d'autres enfin, pour porter la certitude dans ce dédale, ont tâché de faire coïncider les ères de l'histoire avec les époques du tems , et se sont étayés des livres historiques qui liaient les fastes de la nature à celles de l'homme.

Aucun de ces systêmes n'a pu faire de la géologie une science certaine ; leurs auteurs se sont combattus les uns les autres , et c'est dans cette seule partie de leurs ouvrages qu'ils ont eu raison. Les bases manquent encore pour élever l'édifice d'une théorie du globe. Il est presque impossible de déduire son état ancien de son état actuel. Envain l'imagination veut pénétrer dans cette nuit obscure : elle n'y aperçoit rien qui la guide , et l'observation du jour dément à chaque instant l'hypothése de la veille. La raison , lente à conclure , s'aide envain des époques des peuples ; la race humaine est jeune , comparée aux monumens de la nature ; et les catastrophes dont la terre a été le théàtre sont presque toutes antérieures à l'origine des sociétés.

L'esprit d'analyse si nécessaire aux sciences déjà formées , est nuisible à celles qui ne le sont pas encore. On doit d'abord rassembler les matériaux épars , avant de songer à élever l'édifice. L'expérience est le seul guide du géologue ; il considère la science dont il s'occupe plutôt en observateur qu'en écrivain, et il raisonne davantage sur les effets que sur les causes.

C'est en suivant cette marche , que MM. Cuvier et Brongniart ont jeté un nouveau jour sur la science, en ajoutant à la connaissance des roches celles des fossiles qu'elles renferment. Leurs travaux attestent ainsi par des témoignages irrécusables, les nombreuses modifications qui ont changé l'enveloppe extérieure du globe.

Par eux , le champ nouveau que la vérité vient d'offrir aux géologues , est peut-être plus vaste et plus magnifique encore que celui qu'aurait pu leur présenter l'imagination. Ils ont retrouvé, pour ainsi dire , les médailles enfouies des siècles écoulés. Leurs découvertes ont reporté notre pensée à ces tems reculés où la mer occupait une grande partie de la surface des continens; bientôt elle s'est retirée , et a laissé pour attester son passage , les ossemens des poissons qu'elle nourrissait dans son sein. De vastes lacs se sont formés dans les parties creuses de son bassin, et des animaux qui vivent dans l'eau douce, sont restés comme témoins pour constater cette seconde opération de la nature. La mer est venue de nouveau s'emparer de son ancien domaine ; l'eau douce lui a succédé ; l'Océan, dans une troisième irruption, a donné naissance à un banc de calcaire marin qui a été recouvert, à son tour, d'une nouvelle couche de calcaire fluviatile. La terre si long-tems tourmentée, s'est enfin reposée ; mais à cette époque, le climat de la France était bien éloigné d'être ce qu'il est aujourd'hui ; le sol de dernière formation des environs de Paris était alors ombragé de palmiers, sous lequel vivaient ensemble des chevaux, des rhinocéros, des bœufs, des antilopes, des hyenes du cap et des tapirs gigantesques.

Ces belles observations ont été les premiers pas faits vers un ordre chronologique des révolutions du globe : des observations semblables, faites en différens lieux par d'habiles naturalistes, fourniront peut-être un jour les matériaux nécessaires pour former le chronomètre naturel qui embrassera toutes les époques connues des changemens de la terre.

Jusqu'à présent, je le répète, la géologie est trop peu avancée, dans sa partie expérimentale, pour que nous puissions en suivre les erremens comme des données certaines. La connaissance des roches, pour être profitable, doit être appuyée sur des documens véridiques et non sur des systêmes.

Il est une nouvelle branche de sciences naturelles, créée pour ainsi-dire par Werner, et qui, sous le nom de *Géognosie*, s'occupe de tout ce qu'on demandait vainement autrefois à la géologie. Cette science tient plus à l'observation qu'à la théorie ; elle embrasse tout ce qu'on peut soumettre à l'expérience, et néglige ce qui parle seulement à l'imagination. L'origine du globe, la recherche des causes, ne sont point de son domaine ; elle étudie la partie extérieure de la terre sous le seul rapport de la nature et de la disposition des masses minérales qui la composent. C'est de cette dernière science dont nous nous occuperons ici.

L'utilité de la géognosie ne peut être révoquée en doute ; je dis l'utilité, car ce n'est pas seulement au savant solitaire, mais à toutes les classes de la société que je m'adresse. Le but de nos travaux doit tourner à l'avantage de nos compatriotes, et l'utilité est la pierre de touche qui éprouve la valeur des choses.

La géognosie peut nous fournir des documens certains sur l'histoire de la terre, mais ses usages sont plus fréquens et plus immédiats dans tout ce qui tient à la prospérité publique. C'est elle qui doit guider l'ingénieur dans les travaux d'exploitation ; en minéralogie, elle donne les moyens de rencontrer les gîtes des minéraux, et de retrouver ceux qui ont été perdus ; en agriculture, elle indique la nature des terreins et fournit les renseignemens nécessaires pour les améliorer ; en économie publique, elle donne les indices propres à la direction des routes, à la disposition des canaux, et fournit enfin les matériaux convenables aux diverses constructions.

J'ai partagé la totalité des roches en six classes, savoir :

1.º *Roches primitives.*
2.º *Roches de transition.*
3.º *Roches secondaires.*
4.º *Roches d'alluvion.*
5.º *Roches volcaniques.*
6.º *Roches pseudo-volcaniques.*

PREMIÈRE CLASSE.

DES ROCHES PRIMITIVES.

Les roches primitives sont celles qui sont regardées comme étant d'une formation antérieure à toutes les autres, et qui semblent avoir formé le centre ou le noyau du globe. Leur origine paraît due à la précipitation chimique des matières qui les constituent, et qui se trouvaient en suspension dans le fluide aqueux qui recouvrait autrefois la masse totale de la terre.

Cette première opération de la nature, qu'il ne faut pas confondre avec le déluge dont parle la Genèse, et qui lui est postérieure, est le point fondamental de toutes les théories de la terre; elle a été attestée par la plupart des savans modernes, Haüy, Werner, Desaussure, Kirwan, Deluc, Dolomieu, Pallas, Linné, en ont fait la base de leurs méthodes. Newton en a déduit l'applatissement des pôles. Chez les anciens mêmes, l'état de liquidité du globe entrait dans toutes les cosmogonies ; Thalès l'affirma chez les philosophes grecs, et les saintes écritures l'annoncèrent aux nations, en décrivant la création du monde : *Et spiritus Dei ferebatur super aquas.*

La plupart des roches primitives dont les élémens étaient suspendus dans ce vaste amas d'eau, se rapprochèrent par les lois de la pesanteur, et cristallisèrent à la manière des sels dissous dans un liquide. Les autres, dont les molécules étaient moins propres à se cristalliser, s'assemblèrent en lits stratifiés et en couches superposées.

Ce qui distingue les roches primitives de toutes les autres, c'est qu'elles ne contiennent jamais de débris de corps organisés. Cette circonstance ne laisse aucun doute sur l'antériorité de ces substances à celle des animaux et des végétaux.

1.er GENRE. — GRANIT.

Le granit est un composé de cristaux informes de feldspath, de quarz et de mica, dont les parcelles sont entrelacées les unes dans les autres. Dans la méthode de M. Haüy, cette roche change de dénomination suivant qu'un des composés domine davantage , et elle prend tour à tour le nom de celui des trois qui s'y trouve plus abondamment.

Dans le granit, en général, c'est toujours le feldspath qui est la partie dominante. Cette roche porte dans ce pays-ci le nom de *grison*.

La contexture du granit est grenue ; il y a apparence qu'il existe une force d'agréga- tion qui en réunit les molécules dans une masse solide. Nous avons dans une carrière, près de *la Contrie* , un banc de granit entièrement friable qui en avoisine un autre très-compacte. Il serait difficile d'expliquer comment la force d'agrégation a été détruite dans ce granit. Les grains ou cristaux du granit sont d'autant plus gros , suivant Werner , que la roche est plus ancienne. Cette opinion ne me semble pas prouvée ; car nous trouvons dans la commune d'Orvault des carrières de granit à gros grains, et d'autres à grains fins qui se touchent , sans que l'on puisse , à raison de leur position respective , leur assigner deux formations différentes.

La tourmaline et le grenat entrent accidentellement dans la composition du granit. J'y ai trouvé, mais plus rarement, le béril, la chaux phosphatée verdâtre, et le talc chlorite.

Le granit ne se présente point ordinairement en masses continues; il tend à se stratifier en couches plus ou moins épaisses. Ce fait, souvent révoqué en doute, paraît constaté par les observations de Desaussure, Deluc, Dolomieu et Werner.

Cette roche est regardée par tous les géologues comme la plus ancienne et la plus répandue; il semble que ce soit celle qui fasse la charpente du globe et qui serve de support à toutes les autres.

Le granit renferme ordinairement peu de métaux. On y trouve cependant le fer oligiste rouge, l'étain oxydé, soit en couches, soit en filons, le plomb et le zinc sulfurés et des mincrais d'argent, de bismuth de cuivre et de molybdène. J'ai trouvé aussi dans les carrières de nos pays le fer arsénical, le fer sulfuré, et le fer oxydulé titanifère.

Le granit est employé avec succès à toutes sortes de monumens; ici, les coteaux de

Miseri fournissent celui qui sert à paver la ville. **A** l'inspection de cette carrière, on aperçoit deux variétés de cette roche, l'une d'un gris-bleuâtre, et l'autre plus jaunâtre. La première est très-dure, et susceptible de recevoir un beau poli ; la seconde offrant moins de cohésion dans sa contexture, s'use avec plus de facilité. Elle n'est nullement propre à l'emploi qu'on en fait. Le granit à grains fins, qui se trouve à l'ouest du bourg d'Orvault, se taille fort bien et sert à faire des bassins et des marches d'escalier. Le granit à gros grains, qui gît au nord du même bourg, et qui s'étend dans les communes de Vigneux et de Treillères, est très-convenable à faire des meules de moulin à blé-noir. Il a été choisi pour construire l'écluse du point de partage de *Bout-de-Bois.* Dans les coteaux *de la Bourdinière* on trouve du granit à base de feldspath-laminaire, passant du jaune au rouge-vif (syenite), qui alterne avec la roche amphibolique. Cette roche, qui se prolonge jusqu'au-delà de la *Ourderie* , est presque aussi belle que le granit rouge d'Egypte et serait employée avantageusement à l'érection de quelque monument. Je l'avais proposé, avec mon collègue M. Athenas, pour la construction de l'obélisque du Pont-Neuf à Paris. Sur la rive droite de la Sèvre, près de *Loiselinière*, nous avons un granit (syenite) qui ne le cède en rien au précédent.

La terre végétale, qui provient de la décomposition du granit, est en général une terre légère, et peu susceptible de retenir l'eau. Les plantes y croissent avec rapidité au printemps, parce que la terre est souvent humectée par les pluies ; mais les chaleurs de l'été la rendent pulvérulente, et les plantes y meurent, faute d'y trouver l'humidité nécessaire à leur développement. Cette sorte de terre végétale se nomme, dans ce pays-ci, *terrain de primeur* ; tel est celui des coteaux de Chantenai. En mêlant une quantité donnée d'argile à cette terre, on la rendrait plus substancielle ; elle deviendrait alors plus productive, mais peut-être moins hâtive.

2.me GENRE. — GREISEN.

L'absence du feldspath, dans le granit, constitue une roche particulière, à laquelle on a donné le nom de *greisen*. C'est un composé de quarz et de mica à texture granulaire. Ses caractères spécifiques présentent ainsi la réunion des deux espèces minérales qui le constituent.

3.me GENRE. -- LEPTYNITE. *(Haüy.)*

La leptynite, appelée *weiss-stein* ou pierre blanche, par Werner, et *eurite* par Brongniart, est une roche feldspathique granulaire renfermant du grenat, de l'amphibole, et quelquefois du disthène, disséminés dans sa masse. Sa stratification est tantôt massive, tantôt schisteuse.

4.me GENRE. -- GNEISS. *(Gneüss.)*

Le gneiss est composé des mêmes élémens que le granit; c'est-à-dire, de quarz, de feldspath et de mica. Cette dernière substance y abonde et donne à la roche la structure feuilletée, qui la distingue du granit. C'est elle qui le fait passer, quand elle domine encore davantage, au micaschiste.

La contexture du gneiss est grenue et schisteuse tout à la fois, suivant qu'on considère la masse coupée transversalement ou horizontalement.

Les substances qui entrent accidentellement dans sa composition sont celles que nous avons déjà désignées dans le granit. On y trouve de plus l'amphibole commune et l'actinote qui alternent quelquefois avec lui.

La disposition générale du gneiss est en couches parallèles, inclinées dans tous les sens. Werner, d'après ses observations sur le sol de la Saxe, avait établi que l'inclinaison des masses du gneiss se dirigeait vers le sud. J'en ai trouvé dans ce pays dont les inclinaisons suivaient toutes les directions. Quoique la forme générale des fragmens de gneiss soit schisteuse, j'ai observé à Couëron, près de la carrière de *la Hebotière*, au nord-ouest du bourg, des morceaux figurés en prismes et imitant des moulures parfaitement striées.

Le gneiss et le granit paraissent être dans ce pays-ci de formation contemporaine. Werner prétendait cependant que le premier était postérieur au second, et Brochant, dans sa Minéralogie, tome 2, p. 566, cite à l'appui de cette opinion, comme un fait remarquable, qu'on ait trouvé dans le Riesen-Geburges du granit reposant sur du gneiss. M. Ed. Richer, dans un mémoire sur la géologie de l'île de Noirmoutier (1) , imprimé dans les Annales des Voyages, a fait observer qu'au village de l'Herbaudière , à la pointe occidentale de cette île , le granit et le gneiss alternent et se coupent mutuellement dans une étendue de six cents mètres , sur une hauteur verticale de trois. On y compte quelquefois jusqu'à huit couches parallèles de ces deux roches qui sont superposées l'une à l'autre. En général , on peut dire qu'il est impossible de trouver dans ce département les limites précises du granit et du gneiss, tant ils se pénètrent mutuellement. A l'entrée de la route de Rennes , le gneiss passe , par des nuances insensibles, à l'état de stéaschiste ; on peut observer ce même phénomène dans le gneiss stanifère , qui se prolonge de Piriac à Mesquer.

Le gneiss est la roche la plus riche en métaux ; ils y sont quelquefois en couches, le plus souvent en filons. La plupart des mines de la Saxe, de la Bohême , se trouvent dans

(1) Quelques personnes écrivent souvent ce nom avec une *s* à la fin. L'étymologie du mot *Nigrum-Monasterium* , Moutier-Noir , indique qu'il ne doit jamais y en avoir.

des montagnes de cette roche. Le fer oxidulé de S.-Nazaire y est aussi engagé.

Le gneiss est d'un usage très-fréquent dans la maçonnerie. Il s'en trouve quelques espèces qui donnent naissance, par leur décomposition, à une terre argileuse beaucoup moins meuble que le terrain granitique, et qui devient quelquefois tellement dense qu'on est obligé d'y mêler du sable pour la rendre plus légère, et pour faciliter à l'eau les moyens de la pénétrer.

La partie de l'ouest de ce département, à prendre de la Roche-Bernard jusqu'à une lieue à l'ouest d'Ancenis, est en grande partie de granit et de gneiss. On retrouve ces mêmes roches dans le sud et le sud-ouest, où elles passent sous la mer.

5.ᵐᵉ GENRE. — QUARZ.

Cette roche, dont les caractères spécifiques sont ceux du quarz décrit parmi les espèces minérales, et qui est d'une nature homogène comme lui, se trouve néanmoins mélangée de mica et de feldspath qui y sont disséminés accidentellement. J'y ai observé le graphite qui le colore en noir, à l'ouest de Guérande.

La roche quarzeuse est d'une contexture compacte et devient rarement schisteuse. Elle paraît contemporaine du quarz qui fait partie du granit ; mais l'on n'a aucune certitude à cet égard.

Elle est en général très-riche en minerais métalliques ; elle contient des étains oxydés, des pyrites disséminées en très-petites parcelles, du titane oxydé, du plomb sulfuré, du zinc sulfuré, du cuivre natif et pyriteux, de l'or et de l'argent, etc.

Le quarz s'emploie à faire du verre plus ou moins beau, suivant le degré de pureté des matériaux qui entrent dans sa composition. On le taille et on en fait des vases et des bijoux qui reçoivent un beau poli.

6.me GENRE. — MICA-SCHISTE.

(Glimmerschiefer.)

Le mica et le schiste, alternant par feuillets, forment la base de cette roche, qui doit sa structure fissile au mica qui y domine ; elle est de couleur variée. Le grenat, le feldspath, le disthène, la staurotide et la tourmaline s'y trouvent engagés accidentellement.

Le mica-schiste est plus mélangé de couches hétérogènes que le granit et le gneiss. On y trouve des couches de calcaire grenu, d'amphibole schistoïde, d'actinote, et plus rarement des minerais métalliques ; tels sont le cuivre, le zinc, l'argent et même l'or. On y a trouvé dans les Alpes du gypse mélangé de mica, regardé comme du gypse de transition.

La formation de cette roche paraît être contemporaine de celle des granits. On en a observé en Saxe qui semblaient d'une époque postérieure, et d'autres qui formaient le passage aux schistes argileux.

Indépendamment des métaux cités ci-dessus, qui se trouvent en couches dans le mica-schiste, on y rencontre, en filons, presque tous les autres métaux. La plupart des mines de Suède, de Norwège, de la Saxe et de la Hongrie, sont situées dans des montagnes de cette roche.

La contexture fissile du mica-schiste le rend propre aux mêmes usages que le gneiss. On l'emploie aussi à couvrir les toits. Quand il est pur et sans mélange de grenats, on s'en sert pour la construction des fourneaux.

(19)

La terre qui provient de sa décomposition fournit plus d'argile encore que celle qui est produite du détritus du gneiss.

7.me GENRE. — SCHISTE ARGILEUX.

(Thonschiefer.)

Le schiste argileux, thonschiefer de Werner, est une roche simple ; mais qui renferme accidentellement des minéraux plus ou moins mélangés ; ce sont principalement le quarz, le feldspath, la tourmaline, l'amphibole et le fer sulfuré.

Cette roche est d'une contexture feuilletée, dont les lames sont plus ou moins épaisses, et dont la direction est quelquefois courbée et ondulée. Sa masse n'est pas assez fortement aggrégée pour résister au frottement du cuivre sans être rayée.

Les couches de schiste argileux sont entrecoupées de couches de chlorite-schisteuse, de schiste novaculaire, de schiste alumineux, de schiste graphique ou crayon noir, et enfin de talc schisteux. Dans ce pays-ci le gneiss semble passer par des nuances insensibles à cette dernière substance, que l'on peut re-

garder comme une roche particulière. Toutes
les substances que nous avons désignées, étant
engagées dans des montagnes de schiste argileux, paraissent subordonnées à cette roche.

On observe dans le schiste argileux du
calcaire très-peu grenu, de la roche amphibolique, et d'autres minerais métalliques.

Il a été observé constamment en recou-
vrement sur les schistes micacés : cette
disposition semble indiquer l'époque de sa
formation.

On doit rapporter à ce genre plusieurs
espèces et variétés de schiste de diverses
couleurs, que l'on emploie avec l'eau pour
préparer certains métaux au poli ; on les
nomme *pierres à l'eau tendre.* Elles se délayent
promptement dans l'eau, et leur poussière est
assez fine pour user les métaux. Il est fusible
en un verre noirâtre au feu du chalumeau.

8.me GENRE. — SCHISTE TÉGULAIRE.

Ce schiste, vulgairement appelé ardoise,
a été regardé par Brochant comme une
espèce minérale ; mais il est assez répandu
dans la nature pour être considéré comme
une roche. Sa pâte est celle du schiste

argileux ; elle est feuilletée , homogène, d'un gris bleuâtre tirant sur le noir. Il est en général peu dur et d'un aspect luisant ; sa contexture est cependant plus feuilletée encore que celle du schiste argileux , et c'est le caractère qui sert davantage à les distinguer l'un de l'autre. Il renferme , mais rarement, de légères veines de quarz.

Les feuillets isolés du schiste tégulaire sont toujours parallèles au plan du banc dont il fait partie ; ils se séparent aisément de la masse principale au sortir de la carrière ; mais ils durcissent promptement sitôt qu'ils sont restés exposés à l'air. Ce schiste est fusible au chalumeau en scorie luisante brunâtre.

Sa formation paraît contemporaine de celle du schiste argileux. J'ai observé près de Châteaubriant le passage de l'un de ces schistes à l'autre.

On y trouve frequemment du fer sulfuré cristallisé.

Ses usages sont généralement connus.

9.ᵐᵉ GENRE. — STEASCHISTE.

Cette roche est composée de substances talcqueuses, de mica et d'argile ; elle est plus ou moins mélangée de quarz, et contient une certaine quantité de magnésie.

Sa contexture est feuilletée et quelquefois ondulée. Le stéaschiste vert qui porte, parmi les espèces minérales le nom de chlorite, est tantôt granulaire, et tantôt écailleux. Il se fritte légèrement au feu du chalumeau.

Il est mélangé accidentellement de chaux carbonatée. J'y ai trouvé aussi la macle, le talc hexagonal, le grenat, le quarz-hyalin rose et le pyroxène.

Sa stratification est en couches très-étendues.

Cette roche semble contemporaine du mica-schiste et provenir immédiatement, comme lui, d'une modification du gneiss.

Elle contient du fer oligiste, du fer sulfuré, du manganése oxydé argentin ; et probablement une grande partie des métaux renfermés dans le gneiss, et le mica-schiste.

10.me GENRE. — SERPENTINE.

La serpentine est une roche simple dont la base est de la magnésie ; elle renferme très-souvent de la chaux carbonatée blanche.

Elle se trouve en masses qui se délitent

en différens sens et qui ne se présentent jamais stratifiées.

Les métaux qu'elle contient sont en petit nombre. On y trouve cependant le cuivre natif, le fer oxydulé et la pyrite arsenicale; j'y ai observé aussi le nikel arsenical et le nikel oxydé, dans la carrière de Villeneuve, au nord de la Riotière.

Nous ne regarderons comme primitives parmi les roches serpentineuses que celle qui contient de la chaux carbonatée, celle dans laquelle cette dernière substance domine, qui est connue sous le nom de *marbre vert antique*, et celle qui est désignée sous celui de *serpentine noble*. Toutes les autres sont d'une origine postérieure. La serpentine est infusible au chalumeau, quelquefois elle s'y fritte légèrement lorsqu'elle n'est pas pure.

Cette pierre, susceptible de recevoir un très-beau poli, se façonne en vases, en boîtes, tabatières, etc., etc.

11.me GENRE. — EUPHOTIDE.

L'euphotide, ainsi nommée par MM Haüy et Brongniart, est une roche dans laquelle la diallage domine. Elle se trouve associée, tantôt au feldspath tenace, avec lequel elle prend le nom de *verde di corsica*, tantôt au feldspath granulaire et aux grenats. Ce qui la distingue de la diallage ordinaire, c'est que ses lames sont moins nettes et moins cristallisées. Il paraîtrait qu'une partie des grünsteins primitifs, nommés *diorite* et *diabase*, devrait appartenir à cette roche.

L'euphotide paraît regardée comme une sorte de serpentine, dont la cristallisation est plus distincte et plus caractérisée. L'époque de sa formation paraît être aussi la même que celle de la serpentine ordinaire, avec laquelle on la trouve souvent unie.

Cette roche a été fort peu observée jusqu'ici : on l'a trouvée cependant dans le Valais, dans les environs de Florence, de Gênes, de Turin, de Vienne, en Norwege, en Sibérie; je l'ai observée au nord du bourg du Cellier (Loire-Inférieure.)

12.ᵐᵉ GENRE. -- CALCAIRE.

Cette roche, nommée par M. Haüy, chaux carbonatée saccaroïde, est d'une nature simple et d'une couleur blanchâtre tirant sur le gris. On en trouve quelquefois de lamellaire, passant du blanc au jaune.

Elle est quelquefois mêlangée de mica, de quarz d'amphibole grammatite, d'amphibole actinote, d'amphibole commune, d'asbeste et de grenats.

Sa contexture est grenue : ses grains sont plus ou moins gros, d'une structure lamelleuse et d'une apparence cristalline.

Elle renferme du plomb, du zinc sulfuré et du fer oxidulé ; l'époque de sa formation n'est pas précisément distincte. Il paraît qu'il s'en est formé à diverses reprises. Elle se trouve mélangée avec la plupart des roches que nous avons décrites précédemment. Il en est même qui adhère au granit.

C'est cette espèce de calcaire qui a fourni la matière de la plupart des vases et statues anciennes.

13.me GENRE. — ROCHE AMPHIBOLIQUE.

Cette roche, nommée hornblende par les minéralogistes allemands, semble passer continuellement d'un état à un autre, de la structure feuilletée à la texture compacte ; elle paraît d'une nature mêlangée, et elle change de nom et de caractères suivant que ses principes constituans varient dans leurs proportions. L'amphibole proprement dite se reconnaît à sa surface qui se décompose à l'air, devient pulvérulente et s'enveloppe d'une écorce d'un brun sale ferrugineux. Elle est très-dure, pesante, et se brise difficilement avec le marteau.

Cette roche contient une multitude d'espèces minérales ; on y trouve le quarz, la chaux carbonatée, le grenat, le feldspath, la prehnite, la chaux phosphatée et l'émeraude.

Sa forme la plus ordinaire est feuilletée ; ses feuillets sont plats ou courbes et varient d'épaisseur ; sa texture est fibreuse, aiguillée et rayonnée.

On a trouvé dans la roche amphibolique le plomb sulfuré, le zinc sulfuré, le manganèse oxidé, le fer arsenical, le fer sulfuré, le fer phosphaté et le fer sulfuré ferrifère. J'ai eu occasion d'observer toutes ces substances dans la carrière du chêne vert, à l'ouest de Nantes.

Cette roche est très-dure et d'un excellent usage pour le pavement des grandes routes. C'est à elle que la route de Vannes, depuis

Nantes jusqu'à Sautron, doit sa solidité. Quelques fragmens pourraient être polis avec avantage. Elle est fusible au feu du chalumeau en un verre noirâtre.

14.me GENRE. -- GRÜNSTEIN.

Cette roche, nommée diorite par M. Haüy, diabase par M. Brongniart, et dont le nom allemand signifie *pierre verte*, est un mélange de feldspath et d'amphibole dans des proportions différentes qui font varier sa contexture; elle est comme le genre précédent, d'une couleur verdàtre, passant souvent au noirâtre. Quelquefois on trouve des cristaux de feldspath ou d'autres substances empâtées dans sa masse, ce qui lui a fait donner le nom de *grünstein porphyre*, tel est le serpentin, *aphanite porphyrique* de Haüy.

Les substances qui entrent dans sa composition comme parties accidentelles, sont les mêmes que celles de l'amphibole qui accompagne souvent le grünstein; mais on y trouve plus particulièrement la chaux sulfatée, laminaire et l'épidote qui gîsent dans les fissures de la roche.

J'ai trouvé dans le grünstein de ce pays-ci

du titane silicéo-calcaire ; tant cristallisé que granulaire , du fer chromaté massif disséminé, du fer sulfuré, des grenats ; du fer sulfuré ferrifère, et quelques parties de cuivre pyriteux.

Cette substance est plus dure encore que la précédente, et plus susceptible, par conséquent, de recevoir un très-beau poli; elle pourrait être employée avantageusement à faire des socles et autres ornemens.

Elle est fusible au feu du chalumeau en un émail gris-verdâtre.

15.ᵐᵉ GENRE. — CORNÉENNE.

La roche cornéenne, le trapp des minéralogistes allemands, est un composé d'amphibole et d'argile; mais sa pâte est tellement compacte qu'elle paraît homogène. Sa couleur varie du gris foncé au noir.

Elle se délite en forme d'escalier, ce qui lui a fait donner le nom de trapp, qui a la même signification. Sa contexture est lisse, sa cassure est raboteuse passant à la cassure conchoïde. Son grain est serré et mat. Elle dégénère insensiblement en une argile ferrugineuse endurcie.

La stratification de ses masses n'est pas sensible.

La cornéenne sert à faire des *pierres de touche* pour essayer l'or et pour y reconnaître la présence du cuivre ; voici comment l'on s'en sert : on trace avec le métal qu'on veut éprouver une raie sur la pierre. L'acide nitrique jeté sur cette trace s'empare du cuivre, le dissout, et laisse l'or intact. On juge alors du titre de l'or par la quantité de ce métal qui reste adhérent à la pierre. La cornéenne se fond aussi au feu des fourneaux en un verre qu'on peut employer à faire des bouteilles.

16.me GENRE. — FELDSPATH COMPACTE.

(Dichter Feldspath.)

Le felspath compacte, pétrosilex de l'ancienne minéralogie, est une roche simple ; sa pâte est uniforme, à cassure cireuse et translucide sur les bords. Sa couleur passe par toutes les teintes, depuis le blanc jusqu'au noirâtre.

Sa contexture est légèrement grenue, passant à la forme schistoïde. On voit quelquefois au milieu de sa masse du feldspath écailleux, qui semble indiquer le passage d'une variété à l'autre.

Cette roche contient souvent de la roche amphibolique , de l'épidote , de la chaux carbonatée et du quarz.

Sa stratification est en couches plus ou moins épaisses , à cassure inégale. Certaines variétés de cette roche sont contemporaines de l'amphibole avec laquelle elles se trouvent réunies ; d'autres sont indépendantes, telle est la variété jaspoïde.

Elle contient rarement des métaux. On y trouve cependant le titane silicéo-calcaire , le fer chromaté , le fer sulfuré , le grenat , et le fer sulfuré ferrifère.

Le feldspath compacte d'un beau blanc , pourrait être employé utilement à la couverte de la porcelaine.

Il se trouve dans toutes les chaînes de montagnes primitives. Il en existe , dans les Vosges , des montagnes entières. Au feu du chalumeau il est fusible en émail blanc.

17.me GENRE. — PORPHYRE.

Le porphyre est une roche d'une pâte homogène de fedlspath , contenant des parties accidentelles de feldspath christallisé , de quarz et d'amphibole. Sa couleur varie , mais il est plus généralement rouge. Sa cassure est raboteuse à grains fins.

Le porphyre se trouve en lits ou bancs de diverses épaisseurs. Il a été employé par les anciens à la plupart de leurs monumens. En Egypte, on s'en est servi pour la construction des colonnes, des vases, des statues même; mais les carrières, qui en ont fourni les matériaux, n'ont pû être retrouvées par les modernes.

18.me GENRE. — SYENITE.

La syenite est une roche essentiellement composée de feldspath lamellaire et d'amphibole dont les grains sont intimement aggrégés.

Sa contexure est grenue et rarement schisteuse. Elle contient, mais en très-petite quantité, des grains de quarz et du mica, Elle n'est pas ordinairement stratifiée, et l'on n'y remarque aucune couche étrangère.

Elle a été employée comme le granit et le porphyre dans l'érection de beaucoup de monumens.

19.me GENRE. -- TOPAZOGYNE. (*Haüy.*)

Topasfels des allemands. -- Roche à Topaze.

Cette roche est composée de quarz, de tourmaline, de topaze alternant entr'elles par petites plaques liées ensemble par l'argile lithomarge.

Sa contexture est schisteuse et grenue tout à la fois, c'est-à-dire, que la masse est feuilletée et que chaque lame en particulier est grenue. Cette roche, fort rare, ne contient aucun minérai métallique. Elle n'a été trouvée qu'en Saxe, où elle forme une montagne isolée, près la petite ville d'Awerbach.

20.me GENRE. — PHTANITE. (*Haüy.*)

Schiste siliceux, Kieselschiefer.

Le kieselschiefer, phtanite, est un composé d'argile intimement unie à la silice ; sa couleur est le gris noirâtre ; il est presque toujours traversé de veines de quarz hyalin blanc ; ce caractère manque rarement.

Sa contexture est plus ou moins schisteuse ; sa cassure est grenue et inégale, à grains fins et serrés.

Il renferme quelquefois du graphite ; à la pointe de Penaran , près Piriac , il alterne en couches assez minces avec le stéaschiste. La mer , en frappant avec force sur la côte , sépare du kieselschiefer , qui se présente transversalement , le stéaschiste qu'elle délaie entièrement. Le kieselschiefer qui reste prend la forme de lames isolées et profondément découpées ; l'action des eaux finit par les briser, et leurs fragmens , réduits en galets , sont roulés sur la plage. C'est ce phénomène qui a formé la grotte dite *la grotte à Madame.*

La stratification de cette roche est le plus communément schisteuse ; mais quelquefois elle présente des masses amorphes et inégales ; elle pourrait être employée, si elle était moins dure', à faire des pierres de touche.

Le kieselschiefer a été considéré et décrit comme espèce minérale, sous le nom de quarz-agathe schistoïde. M. Ed. Richer a trouvé deux filons assez considérables de cette roche , l'un à l'ouest et l'autre à l'est de la forêt de Vioreau.

21.me GENRE. — ARGILE LITHOMARGE.

Cette argile, qui passe par divers nuances

du blanc au rouge et au brun , offre une cassure terreuse et à grains fins. Elle est tendre et douce. Elle happe à la langue , et prend de l'éclat par la raclûre. Elle est onctueuse au toucher , légère et infusible au chalumeau. Ce qui la distingue particulièrement, c'est qu'elle ne fait point pâte avec l'eau.

Le gîsement de cette argile la fait placer les terreins primitifs , puisqu'on la trouve dans dans le gneiss et le granit.

22.ᵐᵉ GENRE. — ARGILE CHLORITIQUE.

Cette argile de couleur blanchâtre, très-onctueuse au toucher; fait pâte avec l'eau; mais cette pâte est extrêmement courte; vue à la loupe , elle présente de petites écailles nacrées. On en sépare par le lavage une quantité considérable de mica et de grains de quarz.

Elle se trouve engagée dans nos granits et nos gneiss, et à Piriac, elle accompagne l'étain oxydé.

M. A. Brongniart l'a employée avec succès pour faire du biscuit de porcelaine; mais sa pâte est cependant moins liante que celle du kaolin.

23.me GENRE. — ROCHE TALCQUEUSE.

Cette roche est un composé de silice ; de magnésie et d'argile, elle a un eclat nacré, elle passe du blanc au rouge, et par différentes nuances à la couleur de l'amphibole.

Sa contexture est schisteuse, ou en masses disséminées, elle est tendre et très-grasse au toucher. On la trouve dans les montagnes de Saltzbourg, du Tirol, on l'apporte à Venise, d'où elle prend le nom de talc de Venise ; on la trouve aussi en Suisse, dans le Valais, en Saxe et en Silésie ; elle se trouve toujours dans des terreins de roches serpentineuses.

Les tailleurs s'en servent au lieu de craie ; on la mêle dans le fard dont les dames se servent ; elle entre aussi dans la composition des pastels.

Cette substance est rangée et décrite comme espèce minérale.

Elle est fusible en verre gris-verdàtre au feu du chalumeau.

24.me GENRE. — ROCHE D'ÉPIDOTE.

Cette roche est grenue, avec tendance à la cassure schisteuse ; sa couleur est olivàtre ;

Elle accompagne le grünstein et la roche amphibolique, dans lesquels elle se confond.

Sa contexture est par fois lamellaire à cassure résinoïde, et elle se présente aussi sous la forme aciculaire ; du reste, ses caractères sont les mêmes que ceux de l'espèce minérale de ce nom.

J'ai eu occasion de l'observer à Oudon et à la Chaterie, dans ce département. Elle est fusible avec peine en scorie noirâtre au feu du chalumeau.

25.ᵐᵉ GENRE. — CHAUX FLUATÉE.

Cette roche, dont les couleurs sont très-variées, passe du blanc au bleu, au vert, au jaune et au brun jaunâtre. Elle se trouve en lits entiers, et plus rarement en couches ; elle forme à elle seule des montagnes entières.

Ses caractères sont les mêmes que ceux de l'espèce minérale de ce nom.

Elle se trouve à Steinbach en Thuringe, en Silésie ; les substances qui l'accompagnent le plus souvent dans les mines d'Angleterre, de France, d'Allemagne et de l'Amérique septentrionale, sont le quarz, la baryte sulfatée, la chaux carbonatée, le cuivre gris,

le cuivre pyriteux, le fer spathique, le plomb
et le zinc sulfuré. L'étain oxidé et le schéelin
calcaire sont aussi accompagnés par la chaux
fluatée dans les mines de la Saxe et de
l'Angleterre.

Elle est employée avec beaucoup d'avantage, comme fondant, dans le traitement des
mines de fer, de cuivre et d'argent. C'est
de là, très-probablement, que lui est venu
le nom de spath fusible.

On en fait des plaques, des vases, des
pyramides que la beauté de leur couleur et
la vivacité de leur poli font rechercher par
les curieux.

C'est de cette roche qu'on retire l'acide
fluorique qui a la propriété de dissoudre le
verre, et dont on se sert avec avantage
pour le graver.

DEUXIÈME CLASSE.

ROCHES DE TRANSITION.

Les roches comprises dans cette division ont été nommées par Werner roches de transition, parce qu'il les avait considérées comme faisant le passage des roches primitives aux secondaires. On peut les regarder par conséquent comme les roches secondaires les plus anciennes.

Elles doivent leur formation aux éboulemens de montagnes primitives aux pieds desquelles on les trouve toujours adossées. Elles diffèrent peu des roches primitives, mais la catastrophe qui les a séparées de ces premières, jointe à la très-petite quantité de débris des corps organisés qu'elles renferment, indique une origine différente, et les placent dans une série postérieure aux roches les plus anciennes, et à l'existence même de certains individus du règne organique dont les analogues vivans n'existent plus aujourd'hui.

L'histoire de ces substances ne pourrait qu'être hypothétique, puisque leur formation est si loin de nous ; cependant, l'on peut présumer que les agens météoriques les ont détachées du sommet ou des flancs des hautes montagnes, que les eaux les ont long-tems remaniées, et qu'en se déposant, elles ont enveloppé les débris d'animaux que l'on y trouve encore.

L'action des eaux a détruit dans les calcaires et les diorites de cette formation, le *facies* cristallin ; elles offrent un aspect moins brillant et plus compacte, ce qui les distingue suffisamment des roches primitives.

1.ᵉʳ GENRE. — GRAUWAKE.

Les grauwacke, psammites de Haüy et Brongniart, sont des roches formées de grains roulés de quarz, de kieselschiefer, de schiste argileux, de feldspath et quelquefois de mica agglutinés par un ciment assez visible de schiste argileux.

Sa contexture est grenue et souvent schisteuse ; dans l'une elle se rapproche du grès, et dans l'autre des argiles schisteuses.

Les roches de grauwacke sont traversées

en différens sens, par des veines de quarz ;
mais elles ne contiennent point de couches
étrangères : on y trouve cependant l'anthracite qui offre l'apparence de filons interrom-
pus. Elles renferment aussi des coquillages
et roseaux. C'est la première dans laquelle
se rencontrent des débris de corps organisés.

La stratification des psammites est très-
distincte. Elles se trouvent en lits dont la
direction n'est point parallèle à celle des
roches auxquelles elles sont superposées.

Cette roche est l'une des plus caractérisées,
quant à son origine, de substances de transition : on peut la regarder comme le plus
ancien des précipités mécaniques.

Elle est très-riche en minérais métalliques ;
elle renferme la majeure partie des mines
de plomb et d'argent du hartz. En Transil-
vanie, elle contient des mines d'or.

2.ᵐᵉ GENRE. — CALCAIRE.

Cette roche est simple ; sa masse est tantôt
grenue, tantôt compacte, suivant qu'elle est
plus ou moins ancienne. Sa cassure est
écailleuse et translucide ; ses couleurs sont
très-variées.

Elle renferme, mais rarement, des fragmens de coquilles, des madrépores et des ammonites. A Saint-Julien de Vouvantes, le marbre de transition contient de l'anthracite. Cette espèce de calcaire est stratifiée en couches très-épaisses, disposées horizontalement, ce qui n'a pas lieu pour le calcaire primitif.

Sa formation est due à la désagrégation de la chaux carbonatée ancienne, dans laquelle ont été enveloppées des dépouilles d'individus du règne organique.

Elle contient quelquefois des filons métalliques, tels sont le cuivre pyriteux et le zinc, le plomb et le fer sulfuré.

Quand le tissu de la roche est assez compacte, il peut servir en architecture, et à faire quelques ornemens.

3.ᵐᵉ GENRE. -- BRÈCHE.

Cette roche est formée de fragmens de marbres anciens et de débris de roches siliceuses, brisés par des causes accidentelles et réunis par un même ciment, soit siliceux, soit calcaire ou feldspathique.

Elle se reconnaît aisément à la forme

anguleuse de la plupart des fragmens qui la composent.

Cette roche renferme quelquefois du quarz, de la serpentine et des matières argileuses. La forme anguleuse de ses fragmens la distingue entièrement des poudingues dont les élémens sont des cailloux roulés ; cette forme indique aussi une origine particulière ; les brèches paraissent provenir des éboulemens simultanés des montagnes dont elles faisaient partie.

Elles contiennent quelquefois du fer sulfuré blanc, qui, par sa combustion lente, tend à les désunir.

Quelques-unes de ces roches, entre autres les brèches antiques, verte, violette, et celle d'Alet, de Saravezya et Villette reçoivent un très-beau poli et sont fréquemment employées dans les arts.

4me GENRE. — SERPENTINE.

Cette roche qui offre les mêmes caractères et le même facies, et qui s'emploie au même usage que la serpentine primitive, s'en distingue par la présence de l'asbeste, de la stéatite, du mica, du quarz et des grenats.

Elle renferme en outre, comme l'espèce primitive, du fer oxydulé. J'ai trouvé aussi dans la serpentine de Bout-de-Bois, commune de Héric, le fer hydraté argileux globuliforme.

5.me GENRE. — DIORITE OU GRÜNSTEIN.

Cette roche offre dans sa contexture un facies granulaire moins cristallin que le grünstein primitif. Ce caractère ne suffirait pas pour établir un genre particulier, si la place qu'il occupe dans la nature n'indiquait une époque de formation postérieure.

6.me GENRE. — AMYGDALOÏDE.

L'amygdaloïde, mandelstein de Werner, est une cornéenne en décomposition, feuilletée, argileuse, de couleur rougeâtre, avec des cavités tantôt vides, tantôt pleines de petites boules de quarz, de calcédoine, de mesotype, de chabasie, de chaux carbonatée et de stéatite, etc. Quand les cellules sont vides, elles sont souvent revêtues intérieurement d'un enduit de l'une des substances que nous venons de désigner.

Cette roche tient à la fois de la forme

schisteuse et granulaire. Elle ne paraît jamais stratifiée : elle forme des montagnes isolées et coniques qui avoisinent le calcaire de transition.

La base des amygdaloïdes paraît être de la roche amphibolique remaniée par les eaux et transformée en cornéenne par cette opération. La roche amphibolique ayant une tendance marquée à prendre la forme globuleuse, il serait possible que les parties sphériques de cette substance, plus isolées que le reste de la masse, se fussent plus promptement décomposées, et que les matières siliceuses et calcaires qu'on trouve actuellement dans les cavités de la roche, s'y fussent moulées, et eussent pris la forme des globules qui les occupaient.

Werner ayant observé la disposition qu'ont en général les cornéennes à prendre la figure de boules à couches concentriques, a formé, sous le nom de trap globuleux, une espèce d'amygdaloïde qui ne présente aucun autre caractère spécifique que ceux que nous décrivons.

L'amygdaloïde renferme quelques filons de minérais de cuivre, de fer et d'étain.

7.ᵐᵉ GENRE. — PHTANITE *(Haüy)*

KIESELSCHIEFER.

Le kieselschiefer de transition ne diffère
du primitif que par la place qu'il occupe
relativement, ses caractères extérieurs et
spécifiques étant les mêmes; dans le terrein
de transition, j'ai vu le grès et le kieselchiefer
passer tour-à-tour par des nuances insensibles
l'un dans l'autre.

8.ᵐᵉ GENRE — SCHISTE BITUMINEUX.

Le schiste bitumineux de la Thuringe, si
riche en pétrifications, et d'où l'on a exploité
du cuivre pyriteux argentifère, a été regardé
comme secondaire; mais les couches qui le
recouvrent et qui lui sont postérieures,
doivent le faire regarder comme une roche de
transition.

Ces schistes contiennent des débris de
poissons d'eau douce, recouverts d'une
immense masse de calcaire marin.

9.ᵐᵉ GENRE — GRÈS PUREMENT QUARZEUX.

Cette roche, classée dans la méthode de

Werner et celle de M. de Tondy, parmi les roches secondaires, me semble appartenir à celles de transition, lorsque sa masse uniforme, à grains égaux, ne contient aucuns débris du règne organique et se trouve placée au milieu des autres roches contemporaines de cette formation.

10.me GENRE. — GRÈS RUDIMENTAIRE ROUGE.

Cette roche nommée ainsi par M. Haüy, est composée de grains de quarz roulés, de kieselschiefer de toute grosseur et réunis entre eux par un ciment rouge brunâtre.

11.me GENRE. — GRANIT GRAPHIQUE.

Le granit graphique, Pegmatite de M. Haüy, est composé des mêmes élémens que le granit ordinaire ; mais au lieu d'être mêlés confusément, ils sont séparés nettement les uns des autres. Les cristaux de quarz qui sont disséminés dans la roche , présentent, quand ils sont coupés dans un certain sens, l'apparence de caractères d'écriture. C'est ce qui a fait donner à cette roche le nom de granit graphique.

Son gîsement indique que ses matières constituantes se sont rassemblées et cristallisées postérieurement au granit ordinaire.

Elle reçoit un très-beau poli. Elle peut .être employée très-avantageusement de cette manière. Elle n'a été trouvée jusqu'ici qu'en Sibérie, en Ecosse et en Corse.

12.ᵐᵉ GENRE. — STÉASCHISTE.

Les caractères de cette roche sont les mêmes que ceux du stéaschiste primitif. Son gîsement seul lui indique une origine postérieure. (*Voyez sa description, page 21.*)

13.ᵐᵉ GENRE. — SYÉNITE.

Le gîsement de cette syénite, qui a été trouvée dans plusieurs endroits, reposant sur le Porphyre, démontre évidemment qu'il est d'une époque postérieure à la formation de la syénite primitive. (*Voyez la description, page 31.*)

14.ᵐᵉ GENRE. — QUARZ.

Ce quarz, qui n'offre rien qui le distingue des roches quarzeuses primitives, ne doit ici sa place dans la méthode, qu'à son gisement. Il est évident, en effet, que les veines de quarz, qui pénètrent à des profondeurs considérables les roches schisteuses de transition, sont contemporaines de ces dernières. M. Ed. Richer a trouvé à la côte du nord de l'île de Noirmoutier, des masses considérables de cette roche, qui paraissent provenir de la destruction d'un banc de *gneiss*, atténué par l'effort des vagues. Elles ont été décrites dans la Statistique de cette île, par M. Piet.

15.me GENRE. — MARNE CALCAIRE.

Le banc de Marne calcaire de la Manche, de l'Angleterre et du sol de Paris, peut être assigné à la formation des roches de transition ; il contient des pétrifications de crocodile, et il est recouvert d'une masse immense de craie qui forme la base de tous les calcaires et les gypses du sol de Paris.

16.me GENRE. — GYPSE SCHISTOIDE.

Cette roche est composée de la matière de la chaux sulfatée en masse schisteuse, quelquefois mélangée de mica ; elle varie de couleur, mais elle est le plus souvent blanche.

Sa contexture est grenue et quelquefois lamellaire.

Elle contient souvent de la chaux carbonatée fétide, de la marne et du sel gemme.

Sa stratification est schisteuse et plus ou moins fissile.

Les gypses, regardés autrefois comme primitifs, appartiennent évidemment aux terrains de transition, puisqu'on les a trouvés superposés aux calcaires de transition, à la grauwake et à l'anthracite. On a remarqué que cette espèce de gypse n'est jamais recouverte, mais qu'elle est toujours superficielle.

Les usages du gypse, réduit par la calcination à l'état de plâtre, sont trop connus pour qu'il soit nécessaire de les détailler ; en agriculture, on l'emploie pour fertiliser certaines espèces de terres. On s'en sert dans le département de l'Isère, avec beaucoup de succès.

17.me GENRE. -- SCHISTE ARGILEUX.

Les caractères de cette roche ne diffèrent pas de ceux du schiste argileux primitif ; seulement, elle renferme quelquefois des débris de coquilles et de crustacés , ce qui indique visiblement une formation postérieure.

18.ᵐᵉ GENRE. — SCHISTE TÉGULAIRE.

Les élémens du schiste tégulaire de cette formation sont les mêmes que ceux de l'ardoise , décrite parmi les substances primitives ; les empreintes de corps organisés et de plantes qu'il contient , indiquent un autre ordre de formation.

Dans celui d'Angers , on trouve des lits parallèles de calcaire et de quarz de deux pieds d'épaisseur , sur quinze à vingt de hauteur.

19.ᵐᵉ GENRE. — SEL GEMME.

Cette substance , décrite parmi les espèces minérales , sous le nom de soude muriatée , peut être considérée comme *roche* , à raison des masses immenses qu'elle forme dans la nature , telles sont les mines célèbres de Wititska en Pologne. Elle paraît contemporaine des schistes et des calcaires de transition avec lesquels elle se trouve quelquefois réunie.

Ses usages sont tellement connus , qu'il est inutile de les détailler ici.

20.me GENRE. -- ARGILE CHLORITIQUE.

Cette argile est de même nature que l'argile chloritique primitive, son gîsement seul sert à la distinguer.

21.me GENRE. -- PORPHYRE DE TRANSITION.

Les caractères du porphyre de cette formation diffèrent peu du porphyre primitif. Le gîsement qu'il occupe sert a le distinguer du premier.

22.me GENRE. -- FELDSPATH COMPACTE.

Les caractères de cette roche sont les mêmes que ceux du Feldspath compacte de première formation , il n'y a que la place qu'occupe cette roche qui puisse la faire distinguer de la première. (*Voyez sa description , page 29.*)

23.me GENRE. -- SCHISTE ARGILEUX CALCARIFÈRE.

Ce schiste a les mêmes caractères que ceux du schiste argileux ; quelquefois la présence du calcaire n'est indiquée que par l'effervescence qu'il fait avec l'acide nitrique, et dans d'autres circonstances, le calcaire alterne avec le schiste.

24.me GENRE. — BRÊCHE ARGILEUSE.

Formé de fragmens de schiste argileux ré-empâtés dans la même substance.

TROISIÈME CLASSE.

ROCHES SECONDAIRES.

Une partie de ces roches doit son origine aux débris de substances primitives et de transition, long-tems remaniées par les eaux et déposées par elles en lits et en couches plus ou moins stratifiés.

Les calcaires de cette formation paraissent appartenir presqu'en totalité aux débris du règne organique. On y reconnaît de nombreux fragmens de coquilles et de madrépores qui sont entrés dans la composition des marbres dits *lumachelles*. La craie contient des coquilles qui semblent particulières à la nature de cette substance, et dont les analogues vivans n'existent plus aujourd'hui. La marne enveloppe des dépouilles de poissons, de sauriens et de tortues. La plus grande partie de ces roches porte enfin de nombreuses empreintes de végétaux, dont on ne retrouve plus les congenères vivans dans nos climats.

Ces nombreux débris ne permettent pas de confondre l'époque de la formation de ces roches avec celle des roches primitives et et de transition ; leur origine est distante, quoique due à des époques différentes qu'il est impossible d'assigner.

L'étude de ces roches ne peut être complète qu'en y joignant les connaissances de zoologie et de botanique, qui en sont les complémens nécessaires et naturels.

M. Cuvier l'a démontré d'une manière authentique par ses belles découvertes sur les os fossiles ensevelis dans les carrières de Mont-Martre. C'est ainsi qu'il y a reconnu des squelettes d'anoplotheriums, de palæotheriums, de tapirs gigantesques, de crocodiles, d'oiseaux, de tortues et d'animaux redevenus étrangers à l'ancien monde, et que l'on n'a retrouvés qu'en Amérique et à la Nouvelle-Hollande.

1.er GENRE. — POUDINGUE.

Cette roche diffère des brèches décrites parmi les roches de transition, par sa contexture, en ce que les fragmens qui la composent ont été arrondis et balancés par les eaux.

Elle contient diverses substances , des pétrosilex , des porphyres , des granits et même de la chaux carbonatée. D'autre fois la baryte sert de ciment à cette roche:

Sa formation est due à des débris de substances primitives ou de transition , réunis entre eux et consolidés avec le tems par une infiltration calcaire ou siliceuse , etc.

Cette roche , considérée comme objet d'ornement, est employée à faire des plaques , des tables, des colonnes , des vases et des boîtes, qui reçoivent un beau poli.

2.ᵐᵉ GENRE. -- GRÈS.

Cette roche se distingue de celle de transition par son grain inégal et par la place qu'elle occupe relativement , puisqu'elle se trouve superposée à des substances secondaires ; ainsi qu'en Angleterre , elle repose sur la houille. Elle contient quelquefois des débris du régne organique qui sont à l'état de grès.

On trouve souvent le grès intimement uni au calcaire avec lequel il forme cette espèce connue sous le nom de grès de Fontainebleau , ou grès calcarifère.

Dans la stratification générale de ses masses, il semble affecter une grande irrégularité ; il se délite dans tous les sens ; c'est ce phénomène qui a donné à la côte du bois de la Chaise, dans l'île de Noirmoutier , l'aspect pittoresque qu'elle présente. Il est aussi du grès feuilleté. On aperçoit, dans ce dernier, de très-légères couches d'argile qui alternent avec ses feuillets et qui en empêchent la cohésion.

On trouve rarement des métaux dans le grès. On y a cependant observé quelques filons de cobalt , ainsi que du fer et du plomb sulfurés.

Les usages de cette roche sont très-étendus. Il est des espèces qui servent de pierre à aiguiser ; d'autres sont employées dans les hauts fourneaux, à cause de leur infusibilité. En général , le grès se taille fort bien , mais au sortir de la carrière seulement , car il durcit promptement au contact de l'air. On fait des meules de moulin avec celui dont le grain est très-gros. Quelques espèces jouissent de la propriété d'être flexibles long-tems après être sorties de la carrière ; car , en général , les morceaux de grès qui ont une certaine étendue , jouissent de cette propriété au sortir du banc dont ils faisaient partie, et l'on a vu de grands morceaux de grès se gauchir après l'extraction, lors qu'ils n'étaient pas placés sur un plan horizontal.

5.me GENRE. — CRAIE.

La craie nommée par M. de Tondy chaux carbonatée graphique, est du calcaire presque pur d'une apparence homogène, et n'offrant jamais aucune forme régulière. Son état de pureté diminue à mesure qu'elle approche davantage de la surface du sol où elle se mêle avec le sable et les argiles. Elle alterne toujours avec des couches de silex regardées comme des pétrifications d'alcyonites, d'éponges, de zoophytes poreux qui ont pu servir de réceptacle à la matière siliceuse qui a transsudé de la craie.

On y trouve quelquefois une matière d'un vert sombre qu'on a nommée chlorite. On y rencontre aussi des pétrifications de gryphites, d'ammonites, des oursins ainsi que des térébratules, etc., etc.

Sa formation paraît due à des époques différentes, suivant le dégré de pureté qu'elle présente.

On y voit fréquemment le fer sulfuré blanc passant au fer oxydé épigène.

Les usages de la craie dans les arts sont généralement connus ; en agriculture, on la combine avec l'argile pour en former de la marne artificielle. Les potiers se servent aussi de ce mélange pour en fabriquer de la fayence ; telle est celle qui se fait à Nantes.

4.me GENRE. — CALCAIRE COQUILLIER.

Ce calcaire est formé de débris de coquilles marines réduites en masses plus ou moins compactes. Ce qui le distingue du calcaire de transition, c'est la plus grande quantité de débris organiques, d'où lui est venu le nom de calcaire coquillier. Il offre cependant quelquefois, comme les deux premières espèces, un tissu très-compacte, et passe à l'état de marbre argilo-ferrifère.

On y rencontre en assez petite quantité des cristaux de quarz et des pyrites.

Sa stratification est très-prononcée.

Il présente comme la craie, des masses tuberculeuses de silex rangées assez souvent par lits.

On voit quelquefois dans l'intérieur de

sa masse des grottes tapissées de stalactites et stalagmites qui font l'admiration des voyageurs.

Les montagnes de calcaire secondaire sont traversées dans quelques endroits de filons de plomb sulfuré, de cuivre gris et de cuivre carbonaté.

Les usages du calcaire sont très-étendus. En architecuture, il est employé comme les deux espèces décrites. précédemment. En agriculture, il sert d'amendement quand il est pulverulent, et d'engrais quand il est réduit à l'état de chaux.

5.me GENRE. -- GYPSE CALCARIFÈRE.

Le gypse de seconde formation repose immédiatement sur le calcaire coquillier, ce qui indique une origine postérieure à l'espèce de transition. (*Voyez sa description page* 48.)

Cette roche alterne ordinairement avec la marne dans laquelle on trouve des petites masses arrondies de strontiane sulfatée calcarifère. Quelques espèces contiennent aussi du soufre.

Le gypse secondaire renferme des milliers d'ossemens d'animaux terrestres et aquatiques entièrement inconnus, ce qui le distingue suffisamment du gypse de transition dans lequel on ne retrouve aucun débris de corps organisés; du reste ses caractères spécifiques et ses usages sont les mêmes.

6.me GENRE — CALCAIRE D'EAU DOUCE.

Ce calcaire moins compacte que celui de transition, est de même de couleur blanchâtre; il passe à l'état friable et se reconnaît aisément aux coquilles qu'il renferme qui sont toutes fluviatiles ou terrestres.

Cette roche, dans la constitution géologique du sol de Paris, alterne, mais ne se mêle pas avec le calcaire marin : ce phénomène est le chronomètre le plus certain des révolutions dont notre globe a été le théâtre. Dans la coupe verticale de la butte de Montmartre, l'on voit cette roche superposée au calcaire marin, alternant par fois avec les gypses et les marnes, recouverte ensuite d'une couche de calcaire pétrie de coquilles marines, et recouvrant enfin elle-même cette dernière couche.

La découverte de cette pierre, qui n'est connue que depuis peu des géologues, est due aux savantes recherches de MM. Cuvier et Brongniart sur le sol des environs de Paris. Elle a été trouvée assez fréquemment en France et dans les pays étrangers.

Les brèches qui contiennent à la fois des coquilles marines et fluviatiles sont d'une origine différente et sans doute d'une date plus récente. On peut en attribuer la formation aux dépôts chariés dans l'Océan par les fleuves ou les lacs, comme on l'observe journellement sur les bords de la mer Méditerranée. Il serait possible aussi que l'envahissement de l'Océan sur les continens eût donné naissance à ces sortes de brèches mixtes, en mêlant les coquilles marines qui existaient dans son bassin à celles des lacs et des rivières.

7.me GENRE. — SILEX MEULIER.

Nous avons vu que les substances calcaires étaient quelquefois traversées de couches de silex ; le calcaire d'eau douce adhère également à des bancs de silex meulier contemporains de sa formation , puisqu'il contient aussi des coquilles fluviatiles.

Le silex meulier se partage donc en deux

variétés , le marin et le fluviatile. L'époque de leur formation est le seul caractère qui les différencie ; ils se trouvent l'un et l'autre en assez grande quantité pour être considérés comme roches.

8.ᵐᵉ GENRE. -- HOUILLE.

Cette substance décrite sous ce nom parmi les espèces minérales dans la classe des substances combustibles, et appelée vulgairement charbon de terre et de pierre, semble appartenir plutôt à la géologie qu'à la minéralogie, tant par son étendue que par les débris de corps organisés qu'elle renferme.

D'après les observations émises dans la minéralogie de Brochant, il paraît qu'elle serait due à deux formations, la première qui avoisine le grès quarzeux serait antérieure à celle qui touche le calcaire secondaire.

Cette circonstance semblerait indiquer que la première pourrait appartenir aux roches de transition.

La houille se trouve en couches très-puissantes, en amas et en filons.

9.me GENRE. — GRANIT DES HOUILLÈRES.

Les élémens de cette roche sont les mêmes que ceux du granit primitif, et s'il ne contenait ça et là quelques matières bitumineuses qui indiquent son origine, on le confondrait avec lui.

Quelques personnes ont conclu de l'existence du granit parmi la houille, que cette dernière était primitive. Les corps fossiles qu'on y trouve démontrent assez combien cette opinion est peu fondée.

Le granit des houillères est un débris des granits anciens qui ont été remaniés par les eaux et réaggrégés de nouveau. Il alterne souvent avec la houille, d'autres fois il fait partie des murs ou des toits des mines.

10.me GENRE. — PSAMMITES OU GRÈS HOUILLER.

Quelques minéralogistes se sont servis du nom de grès des houillères pour désigner le granit que nous venons de décrire; mais indépendamment de ce dernier, le grès argileux appelé Psammite par MM. Haüy et Brongniart existe aussi dans les houillères.

Il est ordinairement d'une couleur grisâtre

passant au jaunâtre ; sa composition est due à des grains de quarz mêlangés de mica et d'une partie sensible d'argile. Il est souvent mêlé de fer sulfuré recouvert de cristaux de quarz hyalin. Il contient quelquefois des débris de végétaux carbonisés. L'absence du feldspath dans la pâte de cette roche la distingue assez du granit.

On peut croire que son origine, comme celle du granit, est due à des fragmens de roches primitives et de transition agglutinées par une seconde et une troisième opération de la nature.

11.ᵉ GENRE. — SCHISTE BITUMINEUX HOUILLER.

(Schiefer-Kohle.) -- Charbon Schisteux.

Ce schiste se présente en feuillets de diverses épaisseurs, il alterne quelquefois avec la houille, mais le plus souvent il lui sert de toît. Il est frequemment recouvert d'empreintes de végétaux ; d'autres fois sa surface est enduite d'une couche luisante de bitume noir, mêlangé de fer sulfuré.

Son origine paraît due aux mêmes causes qui ont produit la récomposition des granits et des psammites.

Ce schiste est rejeté du triage de la houille par les mineurs qui le nomment *galiètre*. Ils ne s'en servent que pour se chauffer; il serait dangereux de l'employer à tout autre usage; dans les forges il serait nuisible par le fer sulfuré qu'il contient, car le soufre passerait dans le fer forgé et le rendrait aigre et cassant.

Nous observerons, en traitant des substances voisines des houilles, qu'on y trouve encore le schiste alumineux et le schiste graphique. Ce sont des variétés déjà indiquées du schiste argileux décrit parmi les substances primitives.

12.me GENRE. — PORPHYRE ARGILEUX.

Ce porphyre a été appelé par M. Haüy argile durcie porphyrique, parce que l'argile en fait la base. Elle renferme en effet des cristaux de feldspath ou de quarz qui lui donnent l'aspect d'un porphyre.

Cette roche forme des montagnes et des sommités coniques, comme le basalte, et se délite comme lui en prismes et en tables.

Elle renferme assez souvent des fragmens de végétaux; on y observe des branches;

des racines et même des arbres entiers. On la trouve fréquemment dans le voisinage des houillières.

13.me GENRE. — FER HYDRATÉ.

Cette substance décrite parmi les espèces minérales sous le nom de fer oxydé, est considérée ici comme roche à raison des masses considérables qu'elle forme. Elle se trouve ordinairement en morceaux isolés, ou en masses adhérentes à du grès quarzeux de grosseur inégale, et gîsant au milieu des argiles communes ou sur le calcaire. Elle est en globules dans ce dernier.

La mine de fer hydraté de Rougé, exploitée à ciel ouvert, paraît être un banc énorme, touchant aussi au grès quarzeux, circonstance qui semble indiquer que ces deux roches sont contemporaines.

14.me GENRE. — MARNE POLYERSCHIEFER.

Cette espèce de marne offre un tissu feuilleté dans lequel on trouve le quarz résinite ou menillite ; elle alterne avec des bancs de gypse, dans la colline de Montmartre.

Ce fait géologique conduit, en consé-
quence, à la placer parmi les roches secondaires. Elle n'a été indiquée jusqu'ici que
dans la classe de celles d'alluvion, et Werner
l'avait regardée à tort comme une production pseudo-volcanique.

15.me GENRE — CORNÉENNE.

Les caractères de toutes les cornéennes
étant les mêmes de quelque origine que soit
la roche, il n'y a que le gîsement qui puisse
en déterminer l'époque; c'est ce caractère
seul qui nous engage à placer cette roche
parmi les substances secondaires.

16.me GENRE. — AMYGDALOÏDE.

Les amygdaloïdes secondaires présentent
le même *facies* et les mêmes caractères que
les primitives ; le lieu qu'elles occupent
relativement est le seul indice de leur origine.

17.me GENRE. — GRÜNSTEIN.

(Diorite de Haüy. Diabase de Brongniart.)

Le Grünstein ne doit qu'à son gîsement
la place qu'il occupe parmi les roches secon-

daires. Ses caractères sont les mêmes que ceux des grünsteins primitifs et de transition; le feldspath qui entre dans sa composition offre cependant des grains d'une nature beaucoup moins cristalline.

18.me GENRE. -- CALCAIRE RÉCENT.

Ce calcaire est ordinairement formé de débris de corps organisés marins sans autre ciment que le *gluten* même de ces corps : c'est le premier caractère qui le différencie des autres espèces de calcaire.

Il se présente en couches stratifiées, dont le tissu lâche et poreux agglutine du sable quarzeux. Les coquilles et madrépores qui le composent paraissent être congénères de ceux qui existent encore actuellement dans nos mers, tandis que les autres calcaires recèlent des coquilles, qui pour la plupart sont connues pour le genre, mais non pas pour l'espèce. Cette seconde particularité suffit pour distinguer parfaitement cette roche.

On la trouve aussi à l'état pulvérulent : La poussière ou le sable qui la forme n'est composé que de débris de coquilles, quelque-

fois cependant il s'en trouve d'intactes. Tel
est le calcaire connu sous le nom de *falhun*
de Tours; tel est aussi celui de la commune
de Vieillevigne.

Ce sable coquillier fournit dans la Tourraine
l'amendement des terres argileuses. Il en
faut 40 milliers par arpent, tous les vingt ans.
Il a été trouvé, dans le calcaire terreux de
ce pays, des côtes de lamantin, et une
tête du petit hippopotame, animal perdu
comme beaucoup d'autres.

19.me GENRE. --- BRÈCHE OSSEUSE.

(Marbre Brèche Osseuse.)

Postérieurement au dernier séjour de la
mer sur nos continens, il s'est formé des
sortes de brèches composées de fragmens
de corps organisés, que l'on a nommées
brèches osseuses.

Elles doivent leur origine à des ossemens
d'animaux tombés dans les fentes des rochers
calcaires et agglutinés par un ciment de même
nature. Cette brèche récente, en compa-
raison des grandes couches calcaires qui renferment des animaux inconnus, est cepen-

dant ancienne relativement à nous , puisque rien n'indique qu'il s'en forme aujourd'hui. Ses débris sont encore intacts : ils n'ont point été charriés par les courans et ne sont point recouverts de coquilles marines, mais seulement mêlés de coquilles d'escargot , des fragmens du rocher même , et d'une concrétion calcaire d'un beau rouge. Tous les os de Gibraltar, dit M. Cuvier, sont de la famille des ruminans , du genre des lièvres, et de la classe des oiseaux ; il y en a cependant aussi qui appartiennent à quelque petit chien ou renard.

20.me ESPÈCE — ARGILE LITHOMARGE.

Cette argile accompagne les mines de mercure du Palatinat, gîsant au milieu du terrain secondaire ; cette circonstance indique qu'elle est de la même formation. On trouve dans ces mines de mercure des empreintes de poissons , connues sous le nom de mercure sulfuré bituminifère et des cailloux roulés.

21.me GENRE. — FELDSPATH COMPACTE.

Ce feldspath a les mêmes caractères que
le feldspath compacte primitif et de transition ; la place qu'il occupe au milieu des
roches secondaires et dans les terrains houil-
liers, où il sert tantôt de toit et tantôt de
mur à ce combustible , ne permet pas de
le confondre avec les précédens.

M. Ed. Richer en a observé près de Nort ,
qui se confondait avec le quarz jaspe.

QUATRIÈME CLASSE.

ROCHES D'ALLUVION.

Les terrains d'Alluvion ont été formés aux dépens des roches de toutes les autres formations. Ils ont été charroyés par les eaux et déposés par elles dans les vallées, et sur les rivages de la mer et des fleuves.

Leur formation est d'une date très-récente, puisqu'elle est contemporaine des causes agissantes dans l'ordre actuel. C'est ainsi que nous voyons journellement, à l'époque des crues, l'eau de la Loire devenir tout-à-coup bourbeuse par la quantité d'humus enlevé, par les pluies, aux terrains qui ont leur écoulement dans ce fleuve. Ces débris mêlés à ceux des montagnes, dans lesquelles la Loire prend sa source, forment ces nombreux attérissemens que nous voyons ici des deux côtés des collines qui bordent son lit, et qui marquaient ses anciennes limites; telles sont les prairies de Mauves, de la Basse-Indre, les marais de Buzé, etc.

Ce sont ces alluvions qui forment ces bancs
de sable qui encombrent sans cesse le lit de
la Loire. Le fleuve les entraîne encore par
fois jusqu'à son embouchure ; mais l'Océan
les repousse; les courans et les marées les
rejettent sur le continent dont les côtes
acquièrent en étendue ce que les montagnes
perdent en hauteur.

On aperçoit dans cette opération un triage
remarquable. La partie sabloneuse des alluvions charriées par la Loire est rejétée seule sur
la rive septentrionale près d'Escoublac et de
Saint-Nazaire, où elle forme une longue suite
de dunes ; la partie limoneuse est transportée
dans la baie qui sépare l'île de Noirmoutier
de la terre ferme, et elle donne lieu à des
desséchemens précieux pour l'agriculture.
Ce sont ces alluvions qui ont comblé les
marais de Machecoul à Bouin, ont réuni
l'île de Bouin au continent, et fait sortir
l'île de la Crosnière du fond des eaux.

On a voulu partager les terrains d'alluvion
en deux ordres , suivant qu'ils provenaient
des parties élevées ou des parties basses du
globe ; mais cette division est plus spécieuse
que réelle. Les mêmes élémens se trouvent

en effet dans les uns et les autres atterrissemens. Si ceux qui se forment à l'embouchure des fleuves contiennent plus d'humus, cela provient de la longueur de leur cours et du grand nombre de ruisseaux qui s'y jettent.

Quoique les causes qui ont donné naissance aux terrains d'alluvion existent encore, il n'en faut pas conclure qu'elles n'aient pas existé auparavant. Tout porte à croire que ces sortes de terrains se sont formés à tous les âges du globe, et qu'on les a vus à la suite de tous les bouleversemens qui en ont changé la surface. C'est ainsi qu'on a trouvé dans des terrains d'alluvion des squelettes de quadrupèdes ; les houillières récentes contiennent des os de sanglier. En creusant le canal de l'Ourcq, on a vu des squelettes de chevaux, des os d'éléphant. Ces deux animaux ont été retrouvés ensemble, ainsi que des crânes fossiles d'auroch, de bœuf et d'élan, dans la presque totalité des terrains meubles parcourus par les naturalistes.

1.er GENRE. — TERRAIN DE LAVAGE.

Ces terrains sont composés de débris de roches anciennes détruites par l'action des eaux ; ils sont roulés par elles à l'embouchure des fleuves ou sur le rivage de la mer.

Ils contiennent des cailloux roulés, des coquillages, des substances métalliques. Telles sont à Piriac les grèves qui s'étendent le long de la côte, et qui renferment des portions d'étain oxydé, des paillettes d'or, du fer oxydulé et des gemmes.

La plupart des fleuves charrient des paillettes d'or qu'ils déposent dans leur lit. On les retire du sable, avec lequel elles sont mêlées au moyen du lavage. Les hommes qui pratiquent cette opération s'appellent orpailleurs.

2.me GENRE. — BRÈCHES D'ALLUVION.

Ces brèches sont composées de fragmens de roches de toutes les formations, réunies par des cimens argileux, calcaires ou ferrugineux.

3.me GENRE. — TERRAIN DE MARÉCAGE.

Ces terrains, presque uniquement formés de végétaux décomposés, de houille, de tourbe, occupent les parties les plus basses des plaines et des vallées. On y rencontre de l'argile et du sable en petite quantité. Ils contiennent fréquemment cette sorte de poudingue qu'on a nommé *grès ferrifère*. Cette dernière roche doit son origine à la précipitation du fer qui entrait dans la composition des végétaux; ce fer a servi de ciment aux cailloux qui étaient déposés dans le fond des bassins marécageux.

Le Mastodonte des rives de l'Ohio s'est trouvé enfoui dans un terrain marécageux de cette nature. Il a été déterré dans une tourbière, en Scanie, un grand bois qui a des raports éloignés avec celui du daim.

La tourbe est le produit le plus important des sols marécageux. Ce combustible doit son origine à la carbonisation des plantes qui se décomposent sous l'eau, et qui servent d'humus à d'autres végétaux enfouis à leur tour. Cette masse augmente ainsi successivement d'épaisseur et occupe peu à peu les golfes et les parties des rivières où le courant a perdu sa force. La plupart des tourbes sont flottantes, et ne reposent sur le sol que quand les eaux tarissent. Quelques-unes se formant dans des bassins peu profonds, sont fixes.

Les tourbes contiennent des fers phos-
phatés, sulfurés et sulfatés, et des portions
d'animaux pénétrés de ce métal. On y voit
aussi des arbres enfouis, couchés dans toutes
les directions et qui tendent à se convertir
eux-mêmes en tourbe.

4.me GENRE. — ARGILES.

Les argiles occupent principalement les
plaines basses qui séparent les chaînes de
montagnes et de collines. On les trouve ré-
pandues presque partout le globe. Leur composition est un mélange de silice et d'alumine,
dans des proportions variables et auxquelles
se joignent divers autres principes, et particulièrement le fer et la magnésie.

C'est à l'argile qu'on doit la naissance de la
plupart des sources. Cette terre, d'une nature
onctueuse et grasse, imperméable à l'eau, sert
de réservoir souterrain aux eaux pluviales
qu'elles arrêtent ainsi à des profondeurs peu
considérables. En creusant au-delà des couches
argileuses dans une terre meuble, à quelque
profondeur que ce soit, on ne trouve plus
d'eau, parce que ce liquide ne rencontre plus
rien qui l'arrête. C'est à cette propriété que

les marais qui avoisinent la mer doivent la facilité d'être employés en marais salans. Les terres sabloneuses ne peuvent jouir du même avantage. L'île de Noirmoutier en offre un exemple bien frappant. Toute la partie méridionale se convertit fort bien en marais salans, tandis que celle du Nord, indépendamment de son niveau, n'offre plus les mêmes avantages.

L'argile unie au fer hydraté constitue une espèce particulière qu'on a nommée argile ocreuse. Par la calcination elle passe du jaune au rouge et est vendue dans le commerce sous le nom d'ocre rouge. On l'emploie dans la peinture des bâtimens.

Les argiles, en général, sont employées à faire des vases de toute espèce. Elles sont nuisibles en agriculture, quand elles sont pures, parce qu'elles retiennent l'eau à la racine des plantes qu'elles font pourrir. Quand on la divise avec le sable, elle laisse échapper l'eau et devient plus propice à la végétation. Mêlée avec le calcaire, elle forme une marne artificielle qui sert d'amendement, et dont la propriété végétative est évaluée à une durée de 18 à 20 ans. Après ce terme expiré, si l'on ne renouvelle pas l'amendement, la terre perd de sa valeur première, et devient moins propre à la végétation qu'elle n'était d'abord. La quantité de calcaire nécessaire à l'amendement d'un arpent de terre argileuse est d'environ 40 milliers.

Le fer sulfuré blanc se trouve fréquemment en masses disséminées dans l'argile. On y voit aussi des dépouilles du règne organique.

5.me GENRE.—MARNE RÉCENTE.

Cette subtance est un mélange naturel d'argile et de calcaire. Suivant que l'un ou l'autre de ces deux principes domine, le mélange prend le nom de marne argileuse ou calcarifère.

Cette substance a éprouvé, par le desséchement, des retraits, qui ont été remplis par la matière calcaire : c'est à cette circonstance qu'elle doit la diversité de ses formes.

La marne naturelle fournit, comme celle que nous venons de décrire, un excellent amendement pour les terres; celle qui est argileuse convient aux terres légères, celle qui est calcaire est plus propre aux terrains compactes.

On a remarqué que les marnes argileuses paraissaient plus nouvelles. Leur position respective et la nature des fossiles qui se trouvent dans l'une et dans l'autre sont les seuls indices de leur origine. Les marnes calcarifères sont enfouies à de grandes profondeurs ; les marnes argileuses sont fréquemment à la surface du sol et à peine recouvertes d'un dépôt sabloneux.

La marne s'emploie, comme l'argile, à la fabrication de la poterie.

6.me GENRE. — TRIPOLI.

(Quarz aluminifère tripoléen.)

Cette roche qui doit son nom à la ville de Tripoli , d'où elle était apportée autrefois pour le commerce , a été retrouvée depuis en differens endroits de l'Europe.

Le tripoli a l'aspect argileux de couleur variable ; sa texture est schisteuse. Son grain, quoique fin , est âpre au toucher. Il ne se délaye pas dans l'eau, comme l'argile, et n'y fait point pâte ; il fond difficilement sans addition.

Cette roche semble avoir une origine

aqueuse ; il est probable que la matière siliceuse, qui en constitue la plus grande partie,
a été réduite en poussière , extrêmement
tenue, que les particules ont été ensuite déposées par les eaux sous la forme de feuillets
réunis entre eux par la matière argileuse.

L'aspect extérieur du tripoli que nous
décrivons est exactement le même que celui
qu'on trouve dans les produits des volcans
et dans ceux des houillières embrasées ; mais
il en a été trouvé dans des gîsemens tellement éloignés de ces derniers ; on en a vu
alterner en si grand nombre avec des roches
qui ne portent aucune indice d'altération
ignée, qu'il est impossible de révoquer en
doute son origine aqueuse.

Le tripoli sert à polir les pierres , les
coquilles, les verres et les métaux. L'espèce
la plus friable et la plus légère , connue
sous le nom de *pierre pourrie d'Angleterre*,
appartient aussi à cette formation.

7.me GENRE. — TUF CALCAIRE.

Le tuf est un dépôt calcaire qui se forme
sur des végétaux enfouis ; la décomposision

de ces derniers donne à la masse une contexture pongieuse et légère ; cette propriété fait
rechercher le tuf pour les constructions.
Dans certains pays on en fait des pierres
à filtrer.

On trouve dans l'intérieur des tufs, comme
dans la craie, des silex qui paraissent devoir
aussi leur origine à des animaux marins.
On y voit assez souvent des noyaux de
coquilles, des globules de fer sulfuré blanc,
passant au fer oxydé épigène.

C'est cette roche qui porte ici le nom
vulgaire de *tuffau* et qu'on tire de la Tourraine.

L'observation m'a démontré qu'il serait
possible que les tufs de la Tourraine ne fussent
pas de dernière formation, car il en est
qui contiennent une innombrable quantité
de gryphites, de cornes d'ammon, de po-
lypiers, et d'autres coquillages dont les
analogues vivans n'existent plus.

J'ai observé sur les sommités des coteaux,
en les remontant par les pentes les plus
abruptes, que ces tufs étaient recouverts
d'un banc de madrépores d'un pouce d'élé-
vation ; on eut dit que la mer venait

de le quitter récemment, tant il était intact. Cette couche est ensevelie dans un banc d'argile de deux pieds d'épaisseur qui sert d'humus végétal.

Plus on creuse dans la masse de cette roche, moins on y trouve de corps organisés. Les formes s'altèrent enfin, en creusant davantage, au point de devenir méconnaissables.

8.me GENRE. — LIGNITE.

Le lignite est une substance combustible qui doit son origine à des végétaux enfouis et carbonisés sous terre. On observe fort souvent dans ces végétaux le tissu ligneux, et quelquefois le bitume qu'ils contiennent répand une odeur assez forte.

Cette roche est ordinairement accompagnée de fer sulfuré blanc. Quand elle se mélange avec l'argile, elle donne naissance à la houille terreuse, le braun kohle des Allemands.

Plusieurs forêts sous-marines, par un long séjour sous l'eau, ont donné naissauce à ce combustible.

9.me GENRE. — HOUILLE.

Cette roche est simplement indiquée ici comme appartenant à la troisième formation, ses caractères ayant été décrits précédemment.

10.me GENRE. — HOUILLE TERREUSE.

(*Braun Kohle.*)

Cette houille est schistoïde et terreuse ; elle doit son origine à la décomposition des végétaux qui se sont carbonisés et mélangés avec l'argile.

Cette houille contient quelquefois du bismuth sulfuré.

11.me GENRE. — TOURBE.

C'est un composé de végétaux encore reconnaissables, à moitié décomposés, entrelacés et mélangés de terre : il est léger, spongieux, d'une couleur brune ; il laisse par son incinération un résidu terreux très-abondant.

La tourbe peut être séparée en trois variétés qui se distinguent par leur gîsement et par leurs caractères extérieurs.

La tourbe papyracée composée de feuillets bruns fortement appliqués les uns contre les autres. Elle se trouve en Sicile. (Toudi.)

La tourbe limoneuse à cassure terreuse et compacte , sans végétaux apparens , et la tourbe pricéforme à cassure luisante et résinoïde compacte. On la trouve rarement.

La tourbe des marais qui est la plus abondante, s'observe comme son gîsement l'indique , dans les terrains marécageux et qui sont encore ou qui ont été le fond de lacs d'eau saunâtre ou d'eau douce. Elle nage souvent sur l'eau ; elle n'est jamais enfouie profondément , étant seulement recouverte quelquefois d'un mètre au plus de sable ou de terre végétale ; elle occupe souvent la surface de terrains d'une étendue considérable , est constamment en couches horizontales , alterne quelquefois avec du limon, du sable et des coquilles fluviatiles , a même une épaisseur de dix mètres, comme on l'observe dans quelques parties des tourbières de la Hollande. On lui donne dans ce pays le nom de *Moors.*

Elle contient accidentellement (comme nous l'avons vu plus haut) du fer sulfuré dont on fait des sulfates de fer et d'alumine ; du fer phosphaté et du succin.

Son usage, comme combustible, est trop généralement connu pour en parler ici.

On retire des cendres des tourbes de Montoire, des sulfates de soude et de magnésie, et du muriate de soude. La cendre qui en provient et qui se vend sous le nom de *Charrée*, est employée avec avantage comme engrais dans les terrains argileux pour la culture du sarrazin ou blé noir.

CINQUIÈME CLASSE.

ROCHES VOLCANIQUES.

Les substances volcaniques sont des roches primitives modifiées par des feux souterrains qui les ont réduites à un état de fluidité ignée plus ou moins considérable.

Nous n'entrerons dans aucun détail, relativement à leur origine. Les causes des phénomènes extraordinaires qui accompagnent l'irruption des volcans nous étant encore inconnues, dans l'état actuel de nos connaissances, nous nous sommes imposés l'obligation de ne traiter que des objets qui rentrent dans le domaine de l'expérience et de l'observation.

1.ᵉʳ GENRE. — BASALTE.

D'après les expériences de M. Cordier, le basalte est composé de pyroxène, de fer oxydulé titanifère, à qui il doit la propriété d'agir sur l'aiguille aimantée, et de péridot disséminé.

Sa cassure est ordinairement terreuse ; mais quelquefois elle brille faiblement ; soumise à l'action du feu des fourneaux, cette roche se fond en un verre noirâtre qui donne naissance, en se refroidissant, à une substance pierreuse, ce qui la distingue suffisamment de la cornéenne dont elle a quelquefois le *facies*.

Sa dureté varie ; son tissu est souvent compacte, d'autres fois poreux.

Le basalte se présente ordinairement en grandes masses séparées ; il en est de schisteuses, d'autres en boules ; mais le plus communément elles sont prismatiques et articulées. Quand les prismes sont petits, ils résonnent sous le marteau comme une enclume.

Le feldspath, le quarz en globules, le mica, l'amphibole rayonnée, la calcédoine, l'ammoniaque muriaté entrent, comme parties accidentelles, dans la composition du basalte.

Sa formation a longtems occupé les géologues ; les uns l'ont considéré comme un produit de l'eau, les autres comme un résultat de la fusion. Il paraît reconnu aujourd'hui que le concours simultané de ces deux

agens a été nécessaire pour sa production.
On sait que tous les volcans sont situés dans
le voisinage de la mer; les matières volcaniques qui atteignent son rivage, prennent
dans l'eau, par le refroidissement subit, une
forme prismatique et un tissu compacte. Celles
au contraire qui restent sur les flancs ou à
la base de la montagne, se contournent, se
boursoufflent, et deviennent plus ou moins
poreuses au contact de l'air.

Il est à présumer que les volcans sous-
marins étant privés du contact de l'air,
doivent produire des basaltes prismatiques,
en beaucoup plus grande quantité que ceux
qui se trouvent situés sur les bords de la
mer.

Quelques basaltes contiennent de l'arsenic
sulfuré rouge, du fer oligiste, du cuivre
muriaté et de l'arsenic oxidé.

Les basaltes en tables servent en certains
pays à couvrir les maisons. On en fait
aussi des statues et autres pièces d'ornement.
La décomposition de cette roche fournit à
l'agriculture la terre la plus propre à la
végétation. C'est ce qui fait que la population
est toujours si considérable dans le voisinage
des volcans ignivomes.

2.me GENRE. — LAVE QUARZEUSE

Cette sorte de lave est composée de quarz-agathe commun, c'est-à-dire, de pétrosilex de l'ancienne minéralogie, quelquefois uniforme, d'autres fois mélangé. Sa couleur est très-variable ; mais elle se perd sitôt que la lave est exposée au feu, où elle se fond le plus souvent en un verre blanc.

Sa cassure est parfaitement conchoïde. Son grain est fin et très-serré, et elle n'est nullement attirable au barreau aimanté.

Cette roche est rarement homogène ; on y trouve souvent des grains de feldspath, quelquefois de l'amphibole et du mica. L'amphigène y est très-rare.

3.me GENRE. — LAVE FELDSPATHIQUE.

Cette lave dont le feldspath forme la base, se présente sous divers aspects ; il en est qui sont uniformes et d'autres mélangées.

On y trouve des cristaux de pyroxène, d'amphibole et de mica. Cette espèce de lave a beaucoup de rapports avec la précédente, et se trouve presque toujours dans les mêmes volcans. Ce qui les distingue essentiellement l'une de l'autre, c'est que la pâte de la lave quarzeuse, quand elle est pure, est infusible, tandis que celle de la lave feldspatique ne se fond jamais, et que son aspect est le même, à peu près, que celui du feldspath qui n'a pas été chauffé.

4.me GENRE. —PORPHYRE SCHISTEUX

La base de cette roche est la phonolite, sorte de feldspath compacte sonore. Sa contexture est à la fois schisteuse et porphyrique. Elle se rencontre souvent avec le basalte, avec lequel elle a de grands rapports. Werner l'a regardée à tort comme une substance secondaire, et comme l'un des précipités chimiques de la dissolution qui, selon lui, a donné naissance au basalte. Elle doit être rangée, ainsi que le basalte, parmi les substances volcaniques, puisqu'elle passe fréquemment à la nature de cette dernière roche; elle est fusible au feu du chalumeau en un émail blanchâtre comme l'espèce précédente.

5.me GENRE. —LAVE AMPHIGÈNIQUE.

Cette lave est assez rare ; on ne l'a trouvée qu'auprès du Vésuve et dans les volcans éteints des environs de Rome. Il est impossible de confondre cette lave avec celles dans lesquelles l'amphigène entre comme partie accidentelle ; car, dans celle-ci, cette substance est tellement abondante, ses cristaux sont tellement pressés, que la masse en prend une apparence compacte.

Elle est mélangée accidentellement des mêmes substances que les précédentes.

6.me GENRE. — GRAUSTEIN

Le graustein nommé mimose par M. Haüy, est composé de très-petits grains de feldspath et d'amphibole si intimement mélangés qu'ils semblent former une roche homogène. Werner a compris le graustein parmi les roches secondaires ; mais le lieu de son gîsement et les cristaux de péridot et de pyroxène qu'il contient, indiquent un produit immédiat du feu.

7.me GENRE. — LAVE VITREUSE.

Cette lave, qui a éprouvé un plus grand degré de fluidité ignée que celles que nous venons de décrire, est restée à l'état de verre. Elle a tout-à-fait l'aspect du verre commun, et quelquefois celui du verre blanc limpide enfumé ; mais ces vitrifications en général sont assez rares. Cette lave affecte souvent la configuration prismatique.

Elle a eu pour base le feldspath et se fond comme lui en émail blanc, ce qui la distingue des verres artificiels.

Avant l'invention du verre on s'est servi de cette roche pour faire des miroirs et des bijoux. En Islande on emploie l'obsidienne à cet usage.

La lave vitreuse pumicée, vulgairement pierre de ponce, sert à polir les métaux et les pierres.

8.me GENRE.—SCORIES.

On distingue par ce nom des productions volcaniques dont la forme extérieure, la couleur, ainsi que la contexture, offrent à peu près la ressemblance des scories de forges.

Toutes les scories volcaniques se ressemblent quelle que soit la nature des substances qui aient concouru à leur formation.

On peut attribuer leur forme poreuse au dégagement des fluides élastiques contenus dans les courans de laves qui se trouvent à la superficie. Ce dégagement s'est opéré au contact de l'air, dont la pression n'était pas suffisante pour s'opposer à l'expansion des gaz qui tendaient à s'échapper.

Il est des scories qui sont assez légères pour nager sur la surface de l'eau. Elles s'altèrent assez facilement par les eaux pluviales; ce qui fait qu'on n'en voit plus sur les anciennes laves.

Les scories massives sont employées avec avantage en architecture, surtout à la construction des voûtes qui joignent par ce moyen la solidité à la légèreté. On en construit aussi des meules de moulin.

9.me GENRE. — THERMANTIDE.

Cette production volcanique a été partagée en trois espèces.

La première, qu'on appelle thermantide cimentaire, connue sous le nom vulgaire de pouzzolane, est en fragmens raboteux, poreux, dont la couleur varie entre le gris, le rouge sombre et le noir.

Celle qui est d'un volume un peu considérable, est appelée *lapillo*.

La pouzzolane produit un excellent mortier *hydraulique*.

La deuxième espèce, nommée thermantide tripoléenne, offre l'aspect du tripoli, présente ses caractères, ses couleurs, est feuilletée comme lui, et s'emploie aux mêmes usages, c'est-à-dire, à polir le verre et les métaux.

La troisième et dernière espèce comprend, sous le nom de thermantide pulvérulente, les sables et les cendres volcaniques.

La thermantide cimentaire peut être considérée comme une des variétés des scories. L'origine des tripolis volcaniques paraît due à des schistes modifiés par l'action du feu. Les sables et les cendres proviennent des scories lancées avec force des cratères des volcans, et heurtées les unes contre les autres : cette poussière est si légère, que le vent la transporte à des distances considérables ; mais elle offre à l'agriculture, par sa fertilité, un moyen de réparer, en quelque sorte, les ravages qu'occasionnent les irruptions des volcans.

10.ᵐᵉ GENRE. -- SUBSTANCES SUBLIMÉES.

La chaleur des volcans sublime différentes substances qu'elle transporte à l'ouverture des cratères, où elles se déposent dans les fissures et dans les parties les plus refroidies. On les trouve aussi dans les fentes des laves.

Ces substances sont la soude muriatée, l'ammoniaque sulfaté et l'ammoniaque muriaté, le fer oligiste et le fer muriaté, le cuivre muriaté, le mercure sulfuré, l'antimoine sulfuré, l'arsenic oxydé et sulfuré, et le soufre.

On voit par ces exemples que le calorique en pénétrant les corps, en écarte les molécules, les volatilise et les dépose, sous la forme cristalline, dans les endroits les plus élevés. Le fluide aqueux produit le même effet, mais il agit ordinairement dans un sens inverse, puisque les cristaux qui s'y forment, se trouvent en plus grande abondance dans la partie inférieure. Cependant on voit par la formation du soufre concrétionné thermogène, que l'eau, aidée du calorique, se comporte à peu près comme ce dernier, et donne naissance à du soufre dans les eaux thermales d'Aix-La-Chapelle,

11.me GENRE. -- LAVES ALTÉRÉES.

Une partie du soufre, volatilisé par les volcans, étant brûlée rapidement, passe à l'état d'acide sulfurique. Cet acide pénètre les laves, les décolore, s'empare de l'alu-.mine avec laquelle il forme un sulfate d'alumine, qui dans la suite, est dissous et est entraîné par les eaux.

Les laves qui ont subi cette altération deviennent plus légères, plus friables, et contiennent une plus grande quantité de silice. Ce phénomène avait conduit quelques naturalistes à croire, mais à tort, que l'alumine se changeait en silice.

L'action des vapeurs sulfureuses produit également des sulfates de magnésie, de chaux et de fer. Ces sels sont exploités avec avantage, à l'exception du sulfate de chaux.

Lorsque la combustion du soufre se fait lentement, il s'en dégage de l'acide sulfureux qui forme, avec l'argile et la chaux, des sulfites qui portent le nom de ces substances.

7

12.me GENRE. -- WAKE.

La Wake présente une cassure mate et unie, souvent conchoïde, d'autres fois inégale et à grains fins. Elle est assez douce au toucher, tendre et facile à briser. Elle est fusible au chalumeau, fait ordinairement mouvoir le barreau aimanté, ne happe point à la langue, et ne fait nulle effervescence avec les acides.

Son tissu plus compacte est plus homogène que celui de l'argile : elle tient le milieu, par sa contexture, entre l'argile et le basalte.

On y trouve du calcaire en petites véines, du mica noir héxagonal qui s'y montre en lames assez grandes et disséminées. Elle enveloppe aussi quelquefois l'amphibole.

La wake forme des couches particulières au milieu des basaltes ; mais le plus souvent elle s'y trouve en filons, d'autres fois elle empâte des débris de roches primitives avec lesquels elle forme des sortes de brèches.

Cette roche volcanique, recomposée par les eaux, renferme quelquefois du quarz-agathe xyloïde et même des os d'animaux.

Elle s'offre souvent en filons stériles, traversés par des filons métalliques. Quand

elle renferme des métaux dans son tissu, ils
y sont disséminés irrégulièrement, et ne paraissent point y avoir été formés, mais plutôt
enveloppés, tels sont le fer oxydulé et le
bismuth natif.

13.me GENRE. -- TUF VOLCANIQUE.

Le Tuf est une matière terreuse, charriée,
agglutinée et modifiée par les eaux. On en
distingue trois espèces : la première, celle qui
est le produit des éruptions boueuses, c'est-à-
dire des courans d'eau qui sortent quelquefois
des cratères des volcans ; la deuxième, composée de fragmens de scories et de laves
pulvérisés et agglutinés par les eaux ; la troisième enfin, est celle qui se forme journellement dans les terrains volcaniques par le
dépôt des matières que les eaux entraînent.
Quelques-uns de ces tufs acquièrent assez de
consistance pour servir à la bâtisse ; en général, ils sont tous très-propres à la culture.

14.me GENRE. --SUBSTANCES NON ALTÉRÉES.

Ces subtances, non produites par les volcans, ne sont placées ici que parce qu'elles

ont été arrachées par eux du sein de la terre. Tentôt on les voit éparses çà et là, tantôt elles sont empâtées dans des courans de lave. Quelquefois ce sont des débris de roches primitives, d'autres fois ce sont des cristaux groupés ou isolés d'espèces minérales, telles sont, le pyroxène, le grenat, l'idocrase, la méionite, l'amphigène, la néphéline, la chaux carbonatée magnésifère ou dolomie, et le mica.

15.me GENRE. — SUBSTANCES INFILTRÉES.

Les eaux pluviales pénètrent long-tems les matières volcaniques avant de les décomposer. Il en résulte différentes infiltrations qui tapissent les cavités des laves poreuses de diverses substances, parmi lesquelles on remarque la mésotype, la stilbite, l'analcime, la chaux carbonatée, le fer sulfuré, l'amphibole, la stéatite et le quarz. On a quelquefois confondu ces matières avec celles qui ont été rejetées intactes par les volcans; mais il est démontré que leur origine est postérieure à l'époque où les laves qui les renferment ont coulé.

SIXIÈME ET DERNIÈRE CLASSE.

ROCHES PSEUDO-VOLCANIQUES.

Ces roches ont été produites par des feux souterrains non volcaniques. Elles sont ĵdues à des houillères embràsées, dans lesquelles les schistes bitumineux et les psammites qu'on y rencontre ordinairement, ont subi des altérations plus ou moins considérables.

Cette combustion lente a produit des argiles brûlées, des scories, des thermantides porcellanites et tripoléennes, du fer oxydé argilifère, du fer carbonifère (acier natif) qui se trouve en globules au milieu des scories.

Les produits de la distillation des substances charboneuses donne lieu à des bitumes liquides, tels que le naphte, le pétrole, la poix minérale. On y trouve aussi du soufre thermal, du tuf siliceux, de l'ammoniac muriaté et des eaux thermales.

Les roches Pseudo-volcaniques se distinguent facilement des véritables productions volcaniques, en ce qu'elles ne contiennent aucune des substances qui se trouvent accidentellement dans les laves. Elles ne donnent lieu à aucun produit qui ait rapport au basalte et aux laves compactes; leur dureté enfin, est moindre que celles des laves proprement dites. On ne pourrait se tromper que sur les matières scorifiées, plus spongieuses et plus légères encore que les scories volcaniques.

TABLE.

ERRATA.

Page 7, 12ᵉ ligne, aulieu de qui lui est *postérieure,* lisez : qui lui est *postérieur.*

Page 48, 9ᵉ ligne, aulieu de *gneiss,* lisez : *schiste.*

Page 82, ligne 2, aulieu de *pongieux,* lisez : *spongieuse.*

Page 85, ligne 12, aulieu de *saunâtre,* lisez : *saumâtre.*

Page 91, ligne 4, aulieu de *ne se font jamais,* lisez : *ne l'est jamais.*

Nota. Comme il existe plusieurs articles concernant le kiéselchiéfer, la note qui termine la description du kiéselchiéfer primitif, devait être placée à la suite de celui de transition. C'est par erreur qu'elle se trouve où elle est.